儿童全学科
知识漫画

化学变简单

奇怪的蓝舌头

巨英 著　绘时光 绘

浙江文艺出版社
Zhejiang Literature & Art Publishing House

图书在版编目(CIP)数据

化学变简单.奇怪的蓝舌头 / 巨英著；绘时光绘.—杭州：
浙江文艺出版社，2024.1（2024.4 重印）
　　ISBN 978-7-5339-7448-0

Ⅰ.①化…　Ⅱ.①巨…　②绘…　Ⅲ.①化学－儿童读物
Ⅳ.①O6-49

中国国家版本馆 CIP 数据核字 (2023) 第 234995 号

策划统筹	岳海菁　何晓博	特约策划	梁 策
责任编辑	柳聪颖	特约编辑	张凤桐
责任校对	朱 立	漫画主笔	李集涛
责任印制	吴春娟	发行支持	邓 菲
装帧设计	果 子	特约美编	李宏艳
营销编辑	周 鑫　宋佳音		

化学变简单　奇怪的蓝舌头

巨英 著　绘时光 绘

出版发行	浙江文艺出版社
地　　址	杭州市体育场路 347 号
邮　　编	310006
电　　话	0571-85176953（总编办）
	0571-85152727（市场部）
制　　版	沈阳绘时光文化传媒有限公司
印　　刷	杭州长命印刷有限公司
开　　本	710 毫米 ×1000 毫米　1/16
印　　张	6.25
版　　次	2024 年 1 月第 1 版
印　　次	2024 年 4 月第 2 次印刷
书　　号	ISBN 978-7-5339-7448-0
定　　价	29.80 元

奥特

- **性别**：男
- **年龄**：10 岁
- **故乡**：门捷列夫星球
- **特长**：学富五车，无所不知，但却对地球上的生活常识一窍不通
- **性格**：活泼，自信，好为人师，看见好吃的就会忘记全世界

他的故事：奥特来自门捷列夫星球，那里的科技非常先进，门捷列夫星球人也和地球人略有不同，他们的身体里置有芯片，头上戴着天线，上知天文下知地理，无所不通。奥特在星际旅行中迷了路，偶然来到了地球，误入叮叮当当的家中，和他们成为好朋友，并长期居住下来。他们之间发生了很多搞笑的事情。

叮叮

- **性别**：男
- **身份**：当当的哥哥
- **年龄**：12岁
- **性格**：捣蛋鬼，乐天派，不懂装懂大王

他的故事：叮叮学习一般，懂的有限，但却总喜欢在人前假装知识渊博，因此经常弄巧成拙，不能自圆其说，或者被妹妹揭穿。但他脸皮厚，善于自我解嘲。虽然经常捉弄妹妹，但实际上却很爱她，当妹妹有危险时，会第一时间冲到她身边保护她。叮叮掌握了拿捏奥特的方法，那就是美食诱惑。

当当

■ 性别：女
■ 身份：叮叮的妹妹
■ 年龄：10 岁
■ 性格：疯丫头，小问号，
小炮仗，糊涂蛋

她的故事：当当经常因为疯玩引来很多麻烦事。由于对什么都好奇，所以她会不断地提问，在探寻知识的过程中，又因为糊涂和冒失的性格总是把事情搞得一发不可收拾。但却具有锲而不舍的精神，会想方设法了解事物的真相。她总是和哥哥叮叮对着干，但又会因为比较糊涂，而忘记了正在吵架，最后不了了之。

老爸

- **年龄**：37 岁
- **职业**：程序员
- **性格**：任劳任怨的"老黄牛"，虽然看起来木讷老实，实际是全家的主心骨，关键时候特别理性和冷静

他的故事：老爸在公司兢兢业业，在家里任劳任怨，大部分时候默不作声，对待孩子们也很温和。关键时候很有主意，有很多让人意想不到的技能。虽然是个"妻管严"，但是很爱自己的老婆和孩子们。

老妈

- **年龄**：35 岁
- **职业**：业务主管
- **性格**：爱美达人，天真善良，热心勤劳，是温柔如水还是暴跳如雷，全凭叮叮当当兄妹的表现

她的故事：老妈是个美人，很有生活情调。她经常主动帮助需要帮助的人，有时候却弄巧成拙，把事情弄糟，令人尴尬。一般情况下她都很温柔，但被叮叮当当兄妹气坏了时，就会暴露出另一面。

目录

哇，是昨天剩下的橘子！

酸酸甜甜的真好吃，赶紧把嘴里的辣味冲一冲。

狼吞

虎咽

欢迎大家收看本期的健康知识讲座……

好无聊啊，换个动画片来看吧。

等一下当当，我听听讲的是啥。

既能催命也能治病

□ 原子序数：33

As

砷

■ 家族：氮族元素

■ 常温状态：固态

■ 颜色：银灰色

 好厉害的科学家

■ 德国哲学家艾尔伯图斯·麦格努斯在1250年从含砷矿物中提取出砷，并对其进行了记载。

■ 德国医生保罗·埃尔利希在1909发明了治疗梅毒的特效剂——洒尔佛散，也叫砷凡纳明。

 好厉害的砷元素

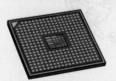

半导体

子弹

木材防腐剂

 好厉害的小知识

在常压下，砷加热后不会熔化，而是会变成气体。

公元1世纪，罗马博物学家普林尼的著作中首次提到了砷的化合物，被古罗马人称为"金黄色的颜料"，也就是我们所说的雌黄。

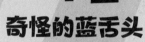

tóng
铜
奇怪的蓝舌头

真是的，这俩人跑到哪儿去了？

砰！

啊，好疼！

咦？树叶的颜色怎么怪怪的？

叶柄和叶子的背面为什么都紫了？

啦啦啦，啦啦啦……

哈哈！趁奥特不在，赶紧尝尝刚摘的果子。

咣当

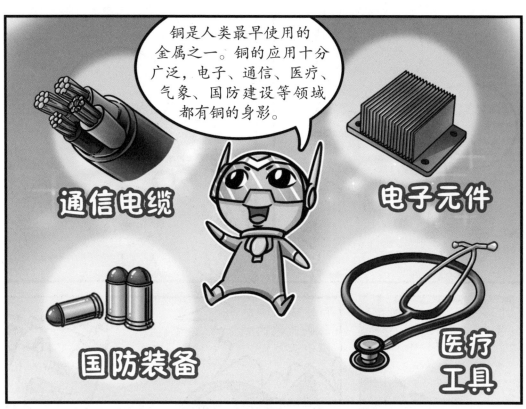

什么嘛，说了半天是在说植物。

就是，植物中毒又不关咱们的事！

奥特你又小题大做。

等下，你……你们的舌……舌头怎么变色啦？！

啊！你的舌头怎么成蓝色的啦！铜中毒？！

啊！

如果大量的铜离子进入体内，就会出现中毒、恶心呕吐的症状，舌头变绿或变蓝，严重的会出现溶血、肾脏衰竭，甚至可能导致死亡！

快！快！他们铜中毒了，大夫快救救他们啊！

救命啊！

来，伸出舌头让我检查下。

啊……

他们是铜中毒啊！

好啦，你先别吵，我要先问他们刚才吃了什么。

嗯……刚摘的蓝莓。

蓝莓

桑葚

我吃的是桑葚。

自由女神像变绿的秘密

□ 原子序数：29

Cu

铜

- **家族**：过渡金属元素
- **常温状态**：固态
- **颜色**：紫红色

好厉害的科学家

- 明代科学家宋应星是世界上第一个科学地论述锌和铜锌合金（黄铜）的科学家。他明确指出，锌是一种新金属，并且首次记载了它的冶炼方法。

- 1928 年，美国威斯康星大学的哈特证明铜是哺乳动物的必需元素。

好厉害的铜元素

配件

电线

工艺品及生活用品

好厉害的小知识

美国的自由女神像，是由铜铸造的。最初自由女神像是紫铜色的，但随着时间的推移，铜被氧化，雕像就成了铜绿色。

铜的英文"Copper"，源自拉丁语"cypriumaes"，意为"塞浦路斯矿石"，塞浦路斯是罗马时代铜的主要产地。

tā

铊

吃铊盐，小心变秃头

真有那么难吃吗？

你是不是忘记放盐啦？

哦，对对对。

真是的，每次做菜都忘这忘那。

我去拿盐。

加点盐就没问题了。

等等，这盐怎么是粉红色的？

铊：吃铊盐，小心变秃头

各位父老乡亲，瞧一瞧，看一看咯！

优质食盐五毛钱一袋咯！

这么便宜！

晚了就买不到了哦！

我要五袋。

就这么大摇大摆地卖毒盐，这不是害人吗？

含有铊的氯化钠，就这样流入了千家万户！你家的毒盐可能也是这样来的！

奥特，我现在怎么没感觉到自己中毒啊？

可能是摄入的量比较少，铊中毒的症状会慢慢显现出来！

吓！

吓！

吓！

所有铊中毒患者都会出现脱发的症状！

而且胡子、腋毛也会脱落！

一根不剩

这还没结束呢！

中毒后，你的四肢可能会麻木、疼痛，甚至走路不稳，产生运动障碍。手指甲上会出现白色的横纹，叫作米氏线，还会出现肚子疼、腹泻、头疼、失明、幻觉等症状。

米氏线

腹泻

幻觉

不行！得赶紧制止他们！

当当，你要去干吗？

嗒嗒嗒嗒

哦？小妹妹你也要买盐吗？

喂！110吗？这里有人贩卖毒盐。

刚刚他们搬毒盐的时候，奥特已经偷偷报警了。

我们再也不敢啦！

当当，遇到危险时我们要勇敢，但更要冷静，不能冲动啊！

我知道了！

此时此刻
叮叮家里

叮叮、当当，我们回来啦！

嗯？谁把盐放到桌子上了？

孩子他爸，这盐怎么变成粉红色了？

上次我把盐罐摔碎了，这是我新买的玫瑰盐，据说是含有铁和其他矿物质的岩盐。

真服了你了。

死神的夺命镰刀

□ 原子序数：81

TI

铊

■ 家族：硼族元素

■ 常温状态：固态

■ 颜色：银白色

好厉害的科学家

■ 1861 年，威廉·克鲁克斯和克洛德 - 奥古斯特·拉米利用火焰光谱法，分别独自发现了铊元素。

■ 拉米在 1862 年伦敦国际博览会上因"发现新的、充裕的铊来源"而获得一枚奖章。克鲁克斯也因"发现新元素铊"而获得奖章。

好厉害的铊元素

光导纤维

电子工业领域

冶金行业

好厉害的小知识

铊在火焰中会发出绿光，它的英文名"Thallium"源自于希腊语，意为"新绿的嫩芽"。

新西兰女作家奈欧·马许在 1947 年出版的小说《最后的帷幕》里将铊作为杀人的毒药。

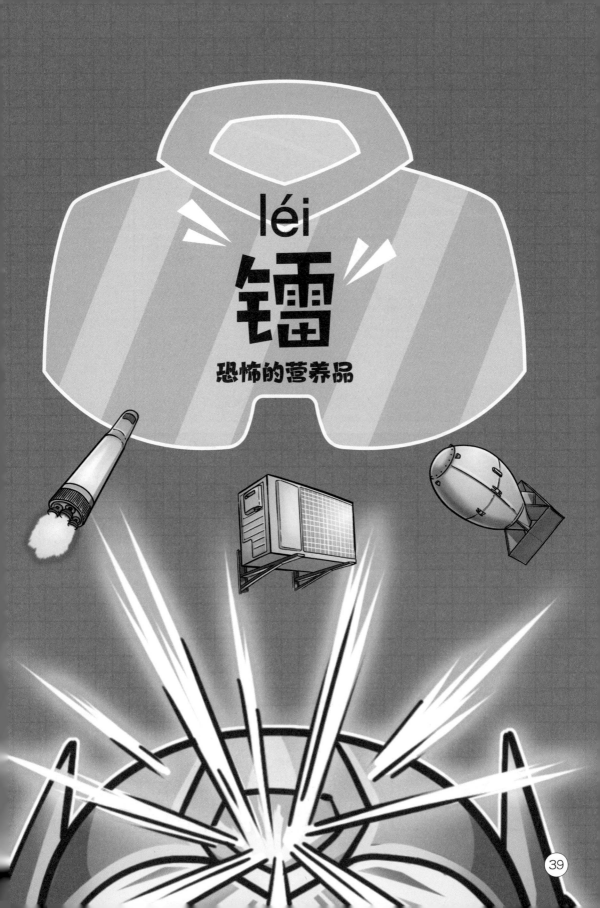

léi

镭

恐怖的营养品

现在要是有冰激凌吃就好了！

冰激凌是啥？

是一种凉凉的、甜甜的、非常好吃的东西！放在冰箱里。

哇，听起来很美味的样子！

亲爱的当当，快带我去尝尝吧！

没问题，奥特，咱们去厨房拿吧。

吸溜 吸溜 吸溜

嗯？谁在厨房？

奥特，大锅里是什么？

那是沥青铀渣。

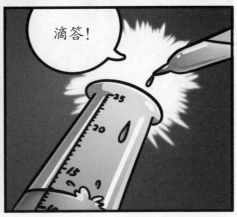

滴答！

夫人还是先休息一下吧，你已经连续实验好几天了。

亲爱的，我觉得我们快要成功了！

除了钋，一定还有另外一种物质！

亲爱的，快看啊！这是……

对对！就是这种物质！

我们用了3年多的时间，从几吨矿石中提炼出了0.1克这种金属元素！我们成功啦！

太……太可怕了!

告诉你们,还有更可怕的呢!

走,带你们看看去!

啊啊啊啊!我不要看!

美国某钟表厂

轰隆!

钟表厂

哈哈,就快完成了。

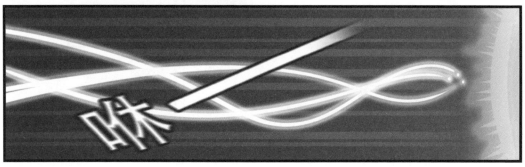

奥特，那个镭元素也太毒了吧，那还提炼它做什么？

想起来了，厨房还有……

也不能这么说……

镭放出的射线可以用来治疗癌症，它同时也是制作原子弹的材料之一。

哦，这样啊。

说起来，你说老哥下巴怎么了？

啊，对了，叮叮的下巴看起来确实有点怪！

赶紧再去确认下！

老哥又跑哪去了？

去厨房找找！

闪亮迷人的"辐射幽灵"

□ 原子序数：88

Ra

镭

■ 家族：碱土金属元素

■ 常温状态：固态

■ 颜色：银白色

好厉害的科学家

■ 1898 年，化学家玛丽·居里和她的丈夫皮埃尔·居里发现了镭。1902 年，他们从沥青铀矿的矿渣中分离提取出了镭。

■ 抗日战争期间，中国科学家赵忠尧历尽千辛万苦将 50 毫克镭带回国内。

好厉害的镭元素

发光粉（在黑暗中发光的钟表指针）

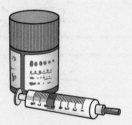

医疗

好厉害的小知识

镭元素能杀死的不仅仅是癌细胞，还有身体中的普通细胞。

碱土金属镭是放射性最强的元素。

到 1975 年为止，全世界共生产了约 4 千克镭，其中 85% 用于医疗，10% 用来制造发光粉。

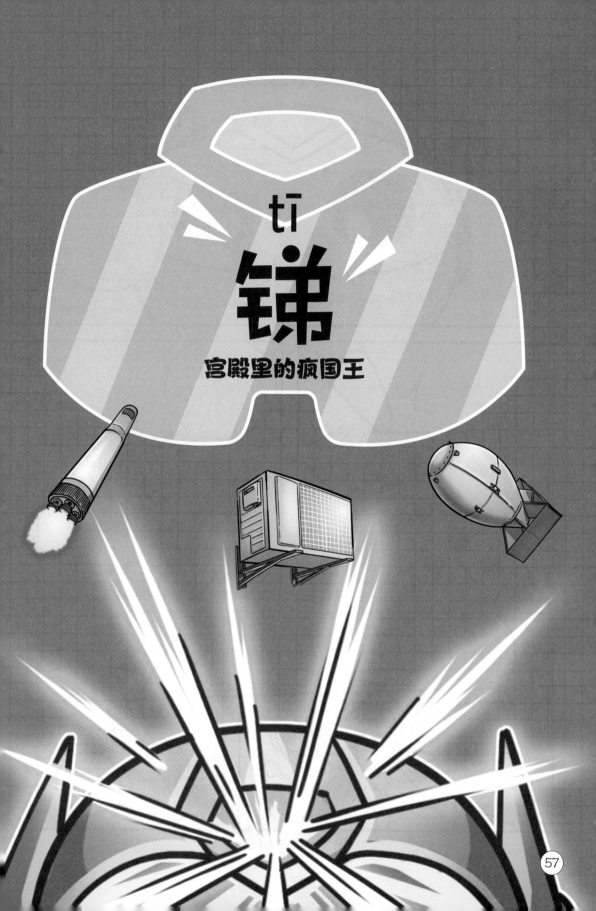

tī

锑

宫殿里的疯国王

子弹

铅酸电池

汽车座套

而到了现代，锑被用来做阻燃剂、制造电池和军火等。

但是塑料瓶里怎么会有锑呀？

就是！就是！

哗啦啦……

我们来试验一下！

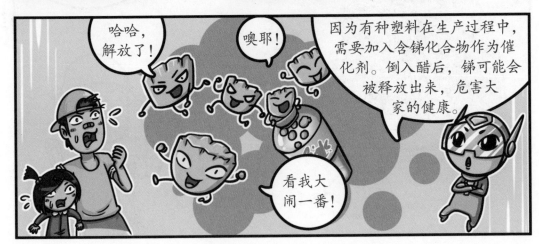

哈哈，解放了！

噢耶！

看我大闹一番！

因为有种塑料在生产过程中，需要加入含锑化合物作为催化剂。倒入醋后，锑可能会被释放出来，危害大家的健康。

空中花园高台上

古巴比伦国王
尼布甲尼撒二世

哦哦，那就是古巴比伦国王吗？好厉害啊！

好威风啊！

奥特，你在偷偷笑什么？

什么"厉害""威风"，你们继续看啊。

？

呕吐

头痛

脑病

晕眩

相传国王锑中毒引起了脑病，所以才发疯。一般锑中毒后，人会恶心、呕吐、腹痛、头疼、眩晕，还会造成肝肾损伤和心肌炎，严重的还会死亡。

战战兢兢

天啊，赶紧离开这个放毒的宫殿吧！

老哥别推我啊！

咚

啊，好疼啊！

你们两个在这里干什么？

都怪你一个劲地推我！这可怎么办啊！

啊！完蛋啦，当当撞到国王啦！

......

嘻嘻！

扑哧！

嘿嘿！

这是啥？

没想到叮叮、当当小时候用的宝宝椅，奥特坐着正合适。

我能不能申请不要系这玩意儿？

不系安全带可不行哦！

就是，要好好遵守出行安全守则。

奥特，如果不系安全带，万一紧急踩刹车，你会撞到头的！

工业"味精"

□ 原子序数：51

Sb

锑

- 家族：氮族元素
- 常温状态：固态
- 颜色：银灰色

好厉害的科学家

- 一般认为，纯锑是由贾比尔在 8 世纪最早制得的，但在学术界此事仍有争议。

- 万诺乔·比林古乔于 1540 年最早在《火焰学》中描述了提炼锑的方法。

- 地壳中自然存在的纯锑最早是由瑞典科学家安东·冯·斯瓦伯于 1783 年记载的。

好厉害的锑元素

阻燃剂

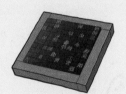

铅字合金

玻璃钢添加剂

好厉害的小知识

锑非常稀有，在地壳中的含量仅为 0.0001%。我国是世界上锑矿资源最为丰富的国家，总保有储量居世界第一位。湖南省冷水江市锡矿山更有着"世界锑都"的美誉。

有人猜测，音乐天才莫扎特正是死于锑中毒。

gé
镉
糟糕！吹口气，变骨折

奥特，为什么他们那么容易骨折啊？

等下，我想想……

哦，我想起来了！

他们都是因为镉中毒！

啊！那些长不好的庄稼和死鱼也是因为镉中毒吗？

没错，水源也被镉污染了，一定有什么地方在超标排放镉！

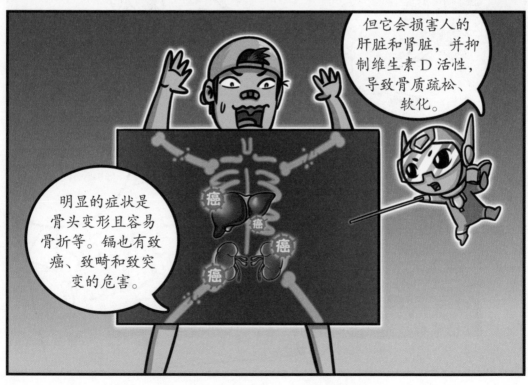

好啦，该我问你们了，我晒在楼下的床单被洒上了颜料。

而且还是镉黄颜料！你们知道是谁干的吗？

不……不知道啊，我没扔东西。

对……对啊，我们刚画画来着。

老妈，真的不是我们干的啊。

真的真的。

喂！奥特！

我扔下楼的那罐镉黄你们处理了吗？

嘘！

这些颜料真难洗。

我知道错了。

以后别再往窗户外乱扔东西了。

89

□ 原子序数：48

Cd

镉

- **家族**：过渡金属元素
- **常温状态**：固态
- **颜色**：银白色

好厉害的科学家

- 1817 年，德国哥廷根大学教授斯特罗迈尔从碳酸锌中首先发现了镉。

- 1899 年瑞典人沃尔德马·尤格尔发明了镍镉电池。镍镉电池是一种直流供电电池，镍镉电池可重复充放电 500 次以上，经济耐用。

 好厉害的镉元素

可充电的镍镉电池　　　荧光显微镜（镉激光器）　　　光敏电阻

 好厉害的小知识

　　镉的主要矿物有硫镉矿，贮存于锌矿、铅锌矿和铜铅锌矿石中。镉的世界储量估计为 900 万吨。

　　镉的烟雾和灰尘可经呼吸道吸入，肺内镉的吸收量约占总进入量的 25% ~ 40%。